Sitzungsberichte
der Akademie der Wissenschaften
der DDR
Mathematik – Naturwissenschaften – Technik

10 N
1986

Peter Oehme

Aktuelle Probleme der Peptidforschung

AKADEMIE-VERLAG BERLIN

Sitzungsberichte
der Akademie der Wissenschaften
der DDR
Mathematik – Naturwissenschaften – Technik

Jahrgang 1986 · Nr. 10/N

Peter Oehme

Aktuelle Probleme der Peptidforschung

AKADEMIE-VERLAG BERLIN
1987

Festsitzung der Klassen Medizin und
Biowissenschaften am 25. April 1985
aus Anlaß des 70. Geburtstages von
Friedrich Jung, Ordentliches Mitglied
der Akademie der Wissenschaften der DDR

Herausgegeben im Auftrage
des Präsidenten der Akademie
der Wissenschaften der DDR
von Vizepräsident Prof. Dr. Heinz Stiller

ISBN 3-05-500 211-3
ISSN 0138-3965
Erschienen im Akademie-Verlag Berlin, DDR-1086 Berlin, Leipziger Str. 3-4

Lizenznummer: 202 · 100/351/87
Printed in the German Democratic Republic
Gesamtherstellung: VEB Druckhaus Köthen
LSV 2055
Bestellnummer: 763 657 5 (2010/86/10/N)
00300

Inhalt

Werner Scheler

Laudatio

Lieber Fritz Jung!
Sehr geehrte Kollegen, werte Genossen!

„Seit Menschen Bewußtsein haben, über unser Wesen und Werden nachzudenken, träumen sie von einer Welt des Friedens, der Arbeit, der Freiheit, Gleichheit und Brüderlichkeit, träumen von einer Erde, auf welcher alle Menschen ihre Fähigkeiten und Talente voll entfalten können. ... Seit der Mensch seine Vernunft benutzt, sucht er die bessere Welt. ..."

Mit diesen Worten, verehrte Anwesende, leitet Fritz Jung Ende der 70er Jahre einen Vortrag ein, in welchem er Ziele und Aufgaben der medizinischen Wissenschaft für die 80er und 90er Jahre zu analysieren sucht. Hier, wie in vielen anderen Beiträgen auch, sind es die großen Ideale der menschlichen Gesellschaft, sind es die Hoffnungen und Sehnsüchte des Menschen, denen Fritz Jung mit seiner wissenschaftlichen Arbeit wie seinem vielseitigen gesellschaftlichen Wirken aus innerster Überzeugung zu entsprechen bestrebt ist. In ihm, in seinem Schaffen, verkörpert sich die Einheit von fachlicher Sachkunde, profunder Allgemeinbildung und politischem Verantwortungsbewußtsein in bemerkenswerter Weise. Eine Trennung zwischen dem Pharmakologen und Toxikologen und dem engagierten Streiter in Friedens- und Abrüstungssachen, zwischen dem Forscher und dem Gesundheitspolitiker, dem begeisternden Lehrer und dem unverändert Lernhungrigen – eine solche Trennung ist für Fritz Jung nicht möglich.

Auf der Berliner Begegnung zur Friedensförderung im Dezember 1981 trägt er eine kurze Episode aus seinem Leben vor, aus welcher die Verknüpfung von Wissen und Gewissen in seinem Denken und Tun deutlich hervortritt. Er sagt dort: „Im April 1945 habe ich als Parlamentär den Alliierten ein großes Munitionsdepot übergeben, das bis zum Rande mit Tabun gefüllt war. Tabun war auch für mich als Pharmakologen ein damals nicht bekannter äußerst gefährlicher chemischer Kampfstoff. Als ich später mehr darüber erfuhr und auch über die Wirkung dieses Kampfstoffes nachdachte, da ist mir klar geworden, daß ein Hochgehen dieses Depots bedeutet hätte, daß in dem gesamten Bezirk, wo sich dieses Depot befand, nichts mehr am Leben geblieben wäre. – Hier ist mir doch sehr schlagartig klar geworden, daß ein zukünftiger Weltkrieg wirklich nicht mehr die Fortsetzung der Politik mit anderen Mitteln bedeutet, sondern das Ende jeglicher Politik, das Ende jeglicher Geschichte."

Zwischen diesem Apriltag 1945 und dem 21. April 1915, dem Geburtstag Fritz Jungs, lagen 30 Jahre Kindheit, Elternhaus, Schule, Medizinstudium, Examen, Assistententätigkeit und Krieg. Bereits als Student arbeitet er ab 1938 wissenschaftlich am Berliner Pharmakologischen Institut und veröffentlicht seine ersten Arbeiten. Er promoviert 1940 mit einer Arbeit „Über das sogenannte Sulfhämoglobin" und 1944 habilitiert er mit Untersuchungen „Über die Giftwirkungen des Dinitrobenzols". Diese Arbeiten ordneten sich in die am Heubnerschen Institut verfolgten Forschungen über Blutgifte ein, und aus ihnen erwuchsen spätere Arbeitsrichtungen in den von Jung geleiteten Einrichtungen.

Ende 1945/Anfang 1946 ist Fritz Jung als Dozent am Pharmakologischen Institut in Tübingen tätig, und 1946 wird er als kommissarischer Direktor an das Pharmakologische Institut in Würzburg berufen. 1949 folgt er einem Ruf auf den Lehrstuhl für Pharmakologie an der Humbolt-Universität, in das Institut, in welchem er seine ersten Schritte in die Wissenschaft getan hatte. Das Jahr 1949 markiert nicht nur in der deutschen Nachkriegsgeschichte eine entscheidende Zäsur, es brachte auch für Fritz Jung und seine Gattin folgerichtig die Trennung von den restaurativen Kräften und Tendenzen in den Westzonen, die soeben die Gründung ihres Separatstaates vollzogen. Im November 1949 nimmt Jung seine Tätigkeit als Direktor des Pharmakologischen Instituts der Humboldt-Universität auf und wird in Personalunion zugleich Leiter der Abteilung Pharmakologie am damaligen Akademieinstitut für Medizin und Biologie in Berlin-Buch.

In beiden Einrichtungen entwickelt sich, durch Jung initiiert, ein reges geistiges und geselliges Leben. Seine Beobachtungsgabe, seine Begabung zur Erfassung naturwissenschaftlicher Zusammenhänge, die Fähigkeit zur kritischen Analyse und schöpferisches Kombinationsvermögen sind — gepaart mit der ihm eigenen Befähigung, junge Menschen zu begeistern — Grundlage dafür, daß sich in diesen Jahren um Jung eine Schule in unserem Lande bildet, die prägenden Einfluß auf die Entwicklung des Fachgebietes und darüber hinaus nimmt.

Viele Lehrstühle bzw. andere pharmakologisch orientierte Einrichtungen sind durch Schüler von Fritz Jung bzw. deren Schüler besetzt. Doch wachsen aus seinem Arbeitskreis auch erfolgreiche Naturwissenschaftler, Kliniker und andere Fachleute hervor. Das ist nicht verwunderlich, wenn man weiß, daß sowohl in Buch wie im Institut in der Clara-Zetkin-Straße interdisziplinär zusammengesetzte Kollektive tätig sind, und daß die Forschungsgebiete schon weit über die Bluttoxikologie hinausgreifen.

Jung versteht es ausgezeichnet, zum naturwissenschaftlichen Denken anzuregen und die Mitarbeiter zu erziehen, vom Phänomen zu Ursachen und zum Wesen von Erscheinungen und Effekten vorzudringen. Das befähigt viele seiner Schüler, auf ihren späteren Entwicklungswegen neue Arbeitsgebiete zu erschließen, Probleme zu erkennen und erfolgreich zu bearbeiten.

Dabei kam uns allen, die wir das Glück hatten, jahrelang mit ihm zusammenzuarbeiten, sehr zugute, daß Jung ein ausgesprochenes methodisches und versuchstechnisches Verständnis und Geschick besitzt. Zu keiner Zeit begnügt er sich mit den gerade üblichen Techniken des Fachgebietes. So wird er zu einem Wegbereiter der Elektronenmikroskopie in der Pharmakologie, entwickelt Ultradünnschnittmikrotome und Bedampfungsanlagen, initiiert den Einsatz hochfrequenzspektroskopischer Methoden zur Klärung pharmakologisch-toxikologischer Probleme und macht andere physikalische und physikalisch-chemische Meßtechniken in den pharmakologischen Laboratorien heimisch. Es wird nicht gewartet, bis kommerzielle Geräte zur Verfügung stehen. Die Werkstätten in Buch und in der Clara-Zetkin-Straße werden zu Entwicklungsstätten für Forschungsinstrumente; Photometer, magnetische Waagen, ESR-Apparaturen, Titrationsautomaten, ein Gerät zur Messung des Zirkulardichroismus und vieles mehr. Es versteht sich fast von selbst, daß er sich in den letzten Jahren mit Enthusiasmus der Rechentechnik bemächtigt und sie für die Analyse seiner Untersuchungen und Ergebnisse erschließt.

Die von Fritz Jung selbst und seinen Mitarbeitern bearbeiteten Fragestellungen und Themen können hier nur angedeutet werden. Aus den Forschungen über Blutgifte erwachsen verschiedene Arbeitsrichtungen, insbesondere biophysikochemische Untersuchungen über Hämoproteide, die sich gegenwärtig auf die Charakterisierung und Funktion von Zytochrom P 450 und des Monooxygenase-Systems in verschiedenen Biosystemen konzentrieren. Eine zweite langfristige Linie betrifft die Chemie, Biochemie und Pharmakologie von Peptiden, die als Signalstoffe physiologische und pathologische Bedeutung besitzen.

Ein weiterer Komplex von Untersuchungen geht aus der engen Wechselwirkung mit der Industrie und dem Gesundheitswesen hervor, eine sehr fruchtbare Beziehung, die Jung während seiner ganzen Tätigkeit konsequent pflegte. Hier sind eingeschlossen Untersuchungen über Herz-Kreislauf-Pharmaka, ZNS-Wirkstoffe, Diuretika und weitere Wirkstoffgruppen. Hohe Priorität erlangen auch toxikologische Arbeiten zur Absicherung gegenüber schädlichen Wirkungen von Produkten und chemischen Verbindungen in der Biosphäre des Menschen. Bei allen diesen Richtungen werden Experiment und Theorie auf das Innigste miteinander verbunden.

Als langjähriger Vorsitzender des Zentralen Gutachterausschusses für Arzneimittelwesen des Ministeriums für Gesundheitswesen hat Jung einen ganz entscheidenden Anteil an einer wissenschaftlich begründeten Arzneimittelpolitik in der DDR, die weit über die Grenzen unseres Landes hinaus Anerkennung gefunden hat. Hier wie auch in zahlreichen anderen Funktionen und bei anderen Gelegenheiten dokumentiert sich das verantwortungsbewußte wissenschafts- und gesundheitspolitische Handeln von Jung, praktiziert er politisches Wirken für unsere sozialistische Gesellschaft. Als Erzieher der studentischen Jugend und des wissenschaftlichen Nachwuchses, als gesuchter Redner und Propagandist hat er bis in die Gegenwart hinein viele Impulse gesetzt.

Innerhalb unserer Akademie ist Fritz Jung seit dem Gründungsjahr unserer Republik tätig, 1961 wurde er zum Korrespondierenden und 1964 zum Ordentlichen Mitglied gewählt. Er hat in dieser Zeit Wesentliches zur Entwicklung und zum Ansehen unserer Akademie und unserer Gesellschaft beigetragen. Dafür gilt ihm herzlicher Dank, verbunden mit den besten Wünschen für noch viele Jahre schöpferischen Wirkens, Gesundheit, Schaffenskraft sowie Glück und Freude im familiären Kreis.

Peter Oehme*

Aktuelle Probleme der Peptidforschung

Die Peptidforschung hat international in den letzten Jahren eine stürmische Entwicklung genommen. Zahlreiche Peptide neuronalen und extraneuronalen Ursprungs wurden aus Vertebraten, Avertebraten, höheren Pflanzen und einzelligen Organismen isoliert, charakterisiert und in ihrer Struktur aufgeklärt. Für Mammalia sind z. Z. ca. 50–60 Peptide bekannt, für die eine physiologische Funktion im zentralen oder peripheren Nervensystem, bei immunologischen Vorgängen, im Herz-Kreislaufsystem, im Gastrointestinaltrakt u. a. nachgewiesen wurde bzw. wahrscheinlich ist. Auch die Nutzbarmachung der Ergebnisse der Peptidforschung für die medizinische Praxis zeichnet sich immer deutlicher ab. Ausgehend von diesen Feststellungen werden in dem vorliegenden Beitrag Aussagen zum Stand, zu Problemen und zur Perspektive der Peptidforschung gemacht. Bei diesen Aussagen wird bewußt eine Einengung auf die z. Z. international besonders intensiv bearbeiteten *Substanz P-Peptide* vorgenommen. Ausgehend von dargestellten Befunden zur Substanz P werden jedoch ausgewählte Verallgemeinerungen für die Peptidforschung insgesamt abgeleitet. In diesem Beitrag werden nach den vorangehend genannten Kriterien folgende Probleme dargestellt:

1. Lokalisierung von Peptidmediatoren
2. Koergismus Peptidmediator – „klassischer" Mediator
3. Biosynthese, „processing" und Wirkungsmechanismus
4. Rolle des Peptidmediators Substanz P bei Hypertonie und Streß
5. Peptide als Arzneimittel – peptiderge Pharmaka
6. Entwicklung der Peptidforschung in der DDR
7. Ausblick

---

* Unter Mitarbeit von M. Bienert, H.-D. Faulhaber (Zentralinstitut für Herz-Kreislaufforschung), E. Göres (Institut für Pharmakologische Forschung), K. Hecht (Abt. Neuropathophysiologie der Nervenklinik der Charité), H. Niedrich und W. Reinders.

1. Lokalisierung von Peptidmediatoren

Peptiderge Systeme finden sich früh in der Evolution. Bei Einzellern regulieren Peptidmediatoren nach dem Prinzip der autokrinen Diffusion die Aktivität der Zelle, in welcher sie gebildet werden. Bei Mammalia finden wir Peptidmediatoren in spezialisierten Informationskanälen, wie peptidergen Synapsen, oder in endokrinen und neurohumoralen Systemen. Aber auch evolutionär ältere Formen, wie die autokrine bzw. parakrine Diffusion von Peptiden, sind bei Mammalia nicht verlorengegangen.

Abbildung 1 zeigt schematisiert verschiedene Formen der Informationsübertragung mittels Peptidmediatoren.

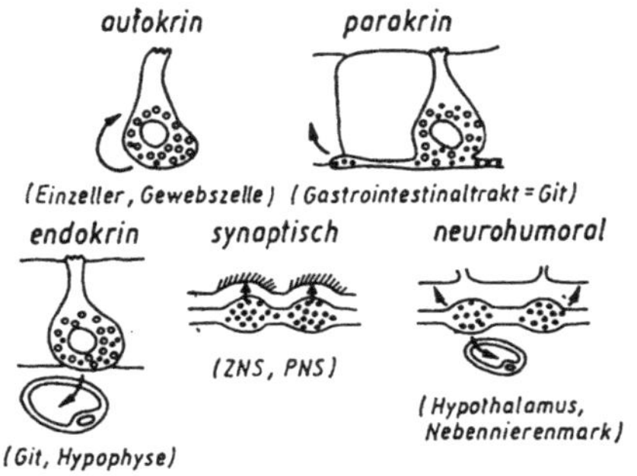

Abb. 1 Verschiedene Formen der Peptidsekretion

Untersuchungen zur Lokalisierung peptiderger Mediatoren erfordern empfindliche Nachweismethoden. Die Konzentration von Peptidmediatoren liegt im Gewebe im pmol- bis fmol-Bereich, d. h. 100–10 000× niedriger als für klassische Mediatoren, wie Acetylcholin oder die biogenen Amine. Mit immunhistochemischen Techniken ist es möglich, Peptidmediatoren zellulär zu lokalisieren.

Am Beispiel des Nebennierenmarks (NNM) der Ratte sollen einige Aussagen zur Lokalisierung von Peptidmediatoren erfolgen. Neben Substanz P kommen im NNM – ebenso wie in anderen sympathischen Ganglien – weitere Peptidmediatoren vor, z. B. Opioidpeptide, das vasoaktive Intestinalpeptid (VIP) und das Somatostatin [1]. Diese Erkenntnisse zum Vorkommen in sympathischen Ganglien verändern unsere bisherigen Vorstellungen zum Aufbau und zur Funktion von sympathischen Ganglien. Bis vor kurzem existierte noch die Vorstellung, daß ein sympathisches Ganglion aus einem präganglionären Neuron mit Acetylcholin als Überträgerstoff und einem postganglionären Bereich mit einem aminergen Transmitter besteht. Heute stellt sich ein sympathisches Ganglion vielschichtiger dar. Im präganglionären Nerven finden wir (im NNM der Ratte) neben Acetylcholin noch Peptidmediatoren, wie das VIP, die Opioidpeptide und Substanz P. Diese werden gemeinsam mit dem Acetylcholin bei Nervenstimulation freigesetzt. Auch im postganglionären Bereich – d. h. in diesem Fall in den chromaffinen Zellen des NNM – finden sich neben Adrenalin und Noradrenalin noch Peptidmediatoren, wie verschiedene Opioidpeptide und – wie bereits erwähnt – Substanz P. Auch diese Peptidmediatoren des postganglionären Bereiches können freigesetzt werden. Dabei gelangen sie einerseits – wie die Katecholamine – in die Zirkulation oder erreichen andererseits durch Diffusion benachbarte Zellen. Das bedeutet, daß nach Einwirkung verschiedener Stressoren über eine Aktivierung des hypophysär-adrenalen Systems neben den Katecholaminen auch die Opioidpeptide aus den Zellen des NNM in die Zirkulation abgegeben werden können. Diese streßinduzierte Freisetzung von Opioidpeptiden aus dem NNM ist Ursache der sogenannten streßinduzierten Analgesie und weiterer streßbedingter Veränderungen [2, 3, 4].

Abbildung 2 zeigt schematisiert die Lokalisierung von „klassischen" Transmittern und Peptidmediatoren im NNM der Ratte.

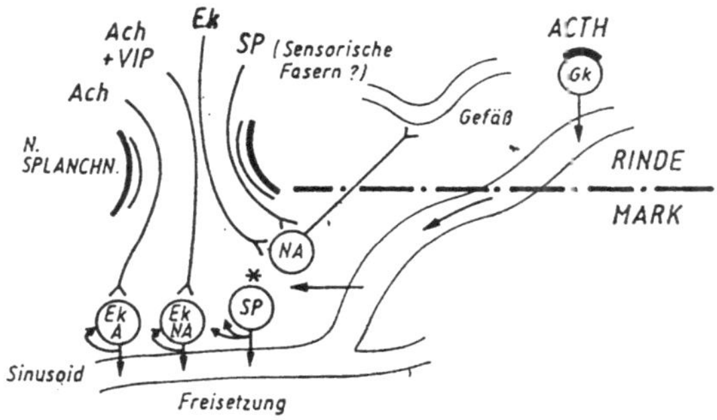

Abb. 2 Schema der Lokalisierung von „klassischen" Transmittern und Peptidmediatoren im Nebennierenmark (Ratte)

A:	Adrenalin
ACh:	Azetylcholin
ACTH:	Adrenocorticotropes Hormon
Ek:	Enkephalinpeptide
Gk:	Glukokortikoide
NA:	Noradrenalin
SP:	Substanz P
VIP:	Vasointestinalpeptid

2. *Koergismus Peptidmediator – „klassischer" Mediatur*

Die Wechselwirkung (Koergismus) peptiderger Systeme mit klassischen Transmittersystemen, wie dem cholinergen, aminergen oder serotoninergen System, ist international z. Z. ein Forschungsschwerpunkt. Auf derartigen

Mechanismen beruhen wahrscheinlich viele der bisher schwierig zu interpretierenden Langzeiteffekten von Peptidwirkstoffen.

Auch für SP legt die enge Nachbarschaft SP-erger Zellen mit aminergen Zellen bzw. SP-erger Fasern und cholinerger Fasern im NNM und anderen sympathischen Ganglien die Möglichkeit eines Koergismus nahe. In der Tabelle 1 sind ausgewählte Wirkungen von SP auf das sympathische System dargestellt. Dabei erscheinen auf den ersten Blick die stimulierende Wirkung von SP auf die Biosynthese von Katecholaminen (Tyrosinhydroxylase) und der inhibierende Effekt von SP auf die cholinerg stimulierte Freisetzung von Katecholaminen widersprüchlich. Bezieht man jedoch den immer mehr akzeptierten Aspekt in die Betrachtung ein, daß Peptidmediatoren eine regulatorische Wirkung im Sinne einer Homöostasesicherung ausüben [5], so wird dieses Wirkungsbild sinnvoll: SP führt einerseits über eine Stimulation der Tyrosinhydroxylase zu einer ausreichenden Bevorratung mit Katecholaminen für die Auslösung von Antwortreaktionen im Rahmen streßbedingter Adaptationsreaktionen und verhindert andererseits über die Inhibition der stimulierten Freisetzung der Katecholamine eine zu starke Abgabe von Katecholaminen und damit verbundene streßbedingte Störungen, aber auch eine Erschöpfung der adaptiven Möglichkeiten des Organismus. Mit der Summe dieser beiden Effekte trägt damit der Peptidmediator SP zur Homöostase im aminergen System bei. In Übereinstimmung mit diesen Vorstellungen verhindert an der Ratte die streßinduzierte massive Ausschüttung der Katecholamine aus dem NNM in das Plasma [6].

Der Feinmechanismus dieser modulatorischen Wirkung von SP auf das aminerge System im NNM ist nur teilweise aufgeklärt. Die bisher vorliegenden Befunde sprechen dafür, daß SP sowohl prae- als auch postsynaptisch an der cholinergen Synapse angreift [11]. Dabei sind offensichtlich die Poly-

Tabelle 1

Wirkung von Substanz P auf das sympathische System (Auswahl)
– Stimulation des Neuritenwachstums von Neuroblastomzellen [7]
– Stimulation der Tyrosinhydroxylase in Explantatkulturen des Gangl. cervicale sup. von neugeborenen Ratten [8] und Hemmung der cholinerg induzierten Aktivierung der ganglionären Tyrosinhydroxylase [9]
– Hemmung der cholinerg induzierten Freisetzung von Noradrenalin aus Rindernebennierenmarkzellen [10] sowie der elektrisch stimulierten Noradrenalinfreisetzung aus Rattennebennierenschnitten [11]
– Reduktion des streßinduzierten Anstiegs von Adrenalin und Noradrenalin im Plasma von Ratten [6]
– Prävention bzw. „Normalisierung“ streßinduzierter zentraler und vegetativer Störungen bei Ratten [12, 13]

phosphoinositide ein wichtiges biochemisches Target. Über den Angriff von SP an den Polyphosphoinositiden werden die Kalziumbindungsfähigkeit und Phosphorylierungsprozesse in der Zellmembran beeinflußt. Dadurch können praesynaptisch die Acetylcholinbiosynthese und -freisetzung und postsynaptisch die Biosynthese und Freisetzung der Katecholamine modulatorisch beeinflußt werden [11]. Der Organismus besitzt damit mit SP (und anderen Peptidmediatoren) differenzierte Möglichkeiten zur Auslösung adaptiver Prozesse im NNM (und anderen sympathischen Ganglien).

Insgesamt ist einzuschätzen, daß weitergehende Untersuchungen zum Koergismus von Peptidmediator mit klassischen Transmittern unsere Vorstellungen zum Wirkungsmechanismus von Peptidmediatoren wesentlich beeinflußt werden.

3. Biosynthese, „processing" und Wirkungsmechanismus von Peptidmediatoren

Die Bildung von Peptidmediatoren in der Zelle erfolgt nach einem allgemeinen Grundprinzip. Ein Präkursorprotein wird im endoplasmatischen Retikulum gebildet. Im Golgiapparat wird dieser Präkursor in sekretorische Granula verpackt und auf dem Wege zur Zellmembran proteolytisch in kürzere Peptidfragmente, die eigentlichen Peptidmediatoren, gespalten. Die Freisetzung der Peptidmediatoren erfolgt durch Exozytose. Abbildung 3 stellt schematisch Biosynthese, „processing", Freisetzung und Interaktion mit membranständigen Rezeptoren für Peptidmediatoren dar.

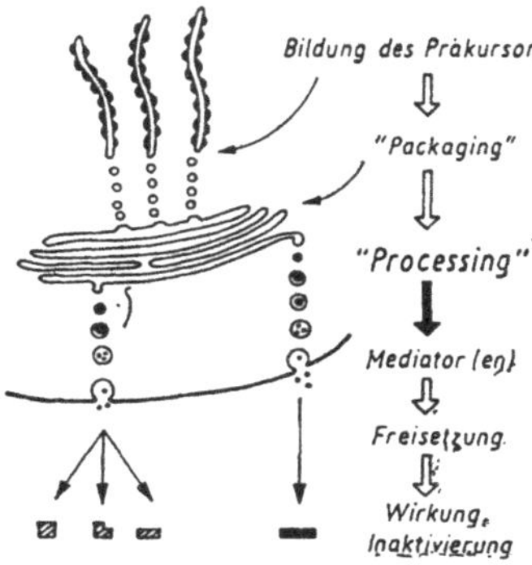

Abb. 3 Biosynthese, „processing" und Rezeptorinteraktion von Peptidmediatoren

Für SP wurden 1983 durch eine japanische Arbeitsgruppe mittels gentechnischer Methoden zwei unterschiedliche Präkursorproteine nachgewiesen: das Präprotachykinin α und das Präprotachykinin β [14]. Präprotachykinin α enthält nur SP, während Präprotachykin β neben SP noch ein zweites Peptid mit ähnlicher Struktur und Wirkung, die Substanz K (SK), im Präkursormolekül enthält. SK hat große Ähnlichkeit mit dem bei Kaltblütern nachgewiesenen Kassinin. Damit liegt ein interessanter neuer Ansatz für vergleichende evolutionäre Untersuchungen vor. Inwieweit das Undekapeptid SP (bzw. auch SK) nach der Freisetzung aus dem Präkursorprotein noch einem weiteren „processing" unterliegt, ist noch nicht bekannt. Für eine solche Möglichkeit spricht, daß verschiedene Teile der SP-Sequenz an verschiedenen Targetorganen unterschiedliche Effekte auslösen können [5, 15].

So wirken C-terminale Fragmente am isolierten Rückenmark der Ratte stärker als das Undekapeptid. Für die Wirkung in sympathischen Ganglien ist dagegen der N-Terminus bedeutsam [11].

Die Möglichkeit, daß aus einem Präkursormolekül verschiedene Peptidmediatoren gebildet werden und daß diese möglicherweise noch einem weiteren „processing" unterliegen, kompliziert naturgemäß Untersuchungen zu ihrem molekularen Angriffspunkt. In diesem Zusammenhang werden Untersuchungen zu Rezeptorsubtypen bedeutsam. Für Mediatoren aus einer Peptidfamilie, u. a. die Opioidpeptide und die SP-Peptide, scheinen Rezeptorsubtypen zu existieren. Derartige Subrezeptoren bieten eine Erklärung für den organspezifischen Angriffspunkt, z. B. der SP-Peptide [16]. Ob es sich bei derartigen Rezeptorsubtypen tatsächlich um eine Heterogenität des Rezeptors auf molekularer Ebene handelt oder nur um funktionelle Unterschiede bei der Peptid-Rezeptor-Zell-Interaktion, z. B. bedingt durch eine unterschiedliche Rezeptorumgebung, kann nicht abschließend gesagt werden.

4. *Rolle des Peptidmediators Substanz P bei Hypertonie und Streß*

Eine wichtige Grundlage für die Arzneimittelforschung sind Kenntnisse zu Veränderungen in einzelnen Peptidmediatorsystemen, die ursächlich mit der Erkrankung zusammenhängen. Derartige Arbeiten sind im Zunehmen. Dabei dominieren z. Z. Bestimmungen einzelner Peptidmediatoren im Plasma, Liquor oder Autopsiematerial mittels radioimmunologischer Methoden oder mit Hilfe der Hochdruckflüssigkeitschromatografie.

Bestimmungen der Mediatorkonzentration sind allein jedoch wenig aussagekräftig. An Patienten sind ergänzende Untersuchungen zu Veränderungen der Biosynthese von Peptidmediatoren, ihres „processing", der Rezeptorinteraktion jedoch nur bedingt möglich. Deshalb kommt auch für die Peptidforschung der Entwicklung krankheitsrelevanter Tiermodelle zunehmende Bedeutung zu.

Einige ausgewählte Ergebnisse unserer Gruppe zu Veränderungen im Substanz P-System bei hypertonen Patienten und Ratten mit genetisch fixierter Hypertonie seien hier vorgestellt: Ratten mit genetisch fixierter Hypertonie (SHR) sind ein gutes Modell für Hypertonieformen, bei denen Störungen im hypophysär-adrenalen Bereich vorliegen.

Aus Tabelle 2 ist ersichtlich, daß deutlich Unterschiede im Verhalten der

Tabelle 2
Substanz P-like immunoreactivity (SPLIR) in der Nebenniere und im Plasma von WKY-Ratten und SHR ohne und mit zusätzlicher Streßbelastung

	Nebenniere (pg/mg Feuchtgewicht)		Plasma (pg/ml Plasma)	
	ohne Streß	mit Streß	ohne Streß	mit Streß
WKY-Ratten (6 Monate)	0,90	2,60**	137	176**
SHR (6 Monate)	1,80	0,20**	74	92

Streß versus Kontrolle ** $\alpha < 0{,}025$
n pro Gruppe 10 Ratten
Streß: Immobilisation und Lärm für 2 min

SP-Immunreaktivität bei SHR und Kontrollratten (WKY) unter Streßeinwirkung bestehen. Ein kurzzeitig einwirkender Stressor (2 min) führt bei SHR zu einem starken Abfall der SP-Immunreaktivität [17]. Das hat zur Folge, daß die erwähnte homöostasesichernde Funktion von SP auf das aminerge System wegfällt und eine überschießende sympathische Reaktion nach Stresseinfluß auftritt. Diese überschießende Reaktion führt über die Zeit zur Hypertonieentwicklung. Das bedeutet, daß bei SHR eine genetisch bedingte Störung im SP-Metabolismus vorliegt, welche im Zusammenwirken mit epigenetischen Faktoren (z. B. Streß) zur Hypertonieentwicklung beiträgt. Die Ursache für die Störung im SP-System bei SHR könnte in einem höheren Abbau des Peptidmediators liegen. Diese höhere Proteolyserate des Peptides versucht der Organismus offensichtlich durch eine verstärkte Biosyntheserate wieder auszugleichen, da unter Ruhebedingungen die Konzentration von SP im NNM von SHR höhere Werte zeigt als bei Kontrollratten.

Auch bei Patienten mit essentieller Hypertonie [18, 19] finden sich im Plasma erniedrigte SP-Werte; ein Hinweis auf Störungen im SP-ergen System (siehe Tabelle 3).

Langzeitiger Streß führt auch an Wistarkontrollratten zum Abfall der SP-Immunreaktivität im Nebennierenmark und parallel damit einhergehend zu einer persistierenden „streßbedingten" Hypertonie [20]. Tabelle 4 zeigt die SP-Werte im Plasma und in der Nebenniere für Wistarratten nach 3wöchigem Immobilisationsstreß.

5. Peptide als Arzneimittel – „peptiderge" Pharmaka

Nachdem die Aminosäuresequenz eines Peptidmediators bekannt ist, besteht die Möglichkeit, den natürlich vorkommenden Mediator sowie synthetische Analoga herzustellen. Die Synthese wird mit verschiedenen Zielstel-

Tabelle 3

Hypertoniker	*Normotoniker*
Schweregrad I, n = 16 und Schweregrad II, n = 29	n = 24
1,36 ± 0,23	4,54 ± 0,72
Schweregrad I, n = 15	n = 10
2,6 ± 1,6	4,56 ± 2,1

[pg SP/100 µl Plasma]

Tabelle 4

Substanz P-like immunoreactivity (SPLIR) bei erwachsenen Ratten unter chronisch-intermittierender Immobilisation

	Kontrollen ($\tilde{x}$)	Streß ($\tilde{x}$)
SPLIR in der Nebenniere (pg/mg wt)	0,82 (n = 20)	0,42* (n = 20)
SPLIR im Plasma (pg/ml)	93,0 (n = 10)	81,0 (n = 10)

* Signifikanz: Streß gegenüber den Kontrollen $\alpha < 0{,}05$ (zweiseitiger Mann-Whitney-Test)

lungen durchgeführt [21]. Zum ersten dienen derartige Arbeiten der Ermittlung essentieller Strukturelemente im Peptidmolekül. Durch Austausch von Aminosäuren war es möglich, den Beitrag einzelner Aminosäurereste zur biologischen Wirkung zu ermitteln und sog. essentielle Sequenzbereiche zu bestimmen. So wurde für Substanz P das C-terminale Pentapeptid als essentiell für Effekte, wie die glattmuskuläre Wirkung, die salivatorische Wirkung u. a., gefunden [5, 15]. Die Synthese von SP-Analoga ermöglichte auch den Nachweis, daß der N-Terminus für verschiedene pharmakologische Effekte entscheidend ist. Das betrifft z. B. trophische Effekte an Explantatkulturen sensorischer Ganglien [22, 23]. Verhaltenseffekte [24, 25, 26] und die Hemmung des Angiotensin I-converting-Enzyms [27]. Damit zeigen C- und N-terminale SP-Fragmente eine eigene pharmakologische Wirksamkeit. Inwieweit im Organismus N- und C-terminale SP-Fragmente freigesetzt werden und damit von physiologischer oder pathophysiologischer Bedeutung sind, kann noch nicht gesagt werden. Durch Synthese von Analoga ist es auch möglich, die Resistenz des Peptidmoleküls gegenüber einem enzymatischen Abbau zu verändern und damit die biologische Wirksamkeit zu verstärken. Eine erhöhte Proteolyseresistenz wurde erreicht u. a. durch Austausch der natürlichen Aminosäuren gegen D-Aminosäuren, N-Methylaminosäuren, Hydrazinosäuren u. a. [5, 21]. Auch durch Blockierung des N-Terminus, z. B. durch einen p-Hydroxyphenylazetyl- (siehe Abb. 4, I) oder Pyroglutamylrest (siehe Abb. 4, II), erreichte man eine erhebliche Steigerung der biologischen Wirkung für SP-Fragmente und auch andere Peptide [5, 21]. Diese Wirkungssteigerung ist außer durch einen verzögerten enzymatischen Abbau auch durch eine erhöhte Affinität derartige Analoga zum Rezeptor bedingt. Als Ursache werden konformative Veränderungen angenommen.

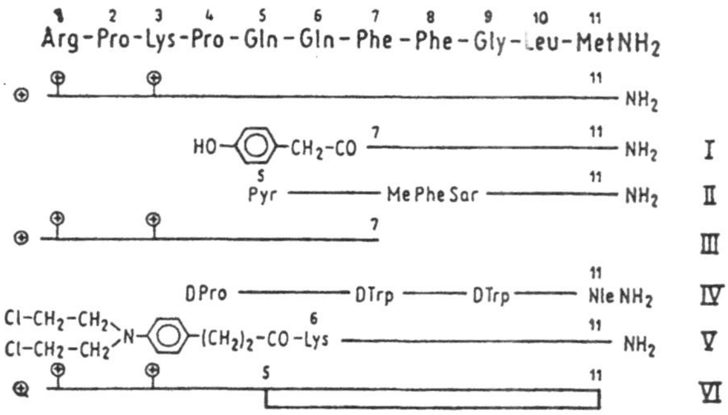

Abb. 4 Analoga von Substanz P (Auswahl); schematische Darstellung

Die Suche nach Peptidanaloga mit inhibitorischer Wirkung gegenüber einzelnen Peptidmediatoren nahm und nimmt in der Analogensynthese einen wichtigen Platz ein. Für eine Reihe von Peptiden ist dieses Problem weitgehend gelöst, so für LHRH, Angiotensin u. a. [21]. Dabei gewonnene mechanistische Vorstellungen waren jedoch nicht auf andere Peptide zu übertragen, da offensichtlich für jeden Peptidmediator andere Regeln gelten.

Für SP konnten bis jetzt nur relativ schwach wirksame Antagonisten entwickelt werden, die außerdem zytotoxische Effekte zeigten [15]. Für die Synthese von SP-Antagonisten scheint die Erhöhung der Lipophilie eine Rolle zu spielen sowie die D-Konfiguration des Tryptophans in den Positionen 7 und 9 (siehe Abb. 4, IV). Auch durch Anbau alkylierender Gruppen an C-terminale SP-Fragmente wurde eine Antagonistenentwicklung versucht (siehe Abb. 4, V). Dabei ging man von der Vorstellung aus, daß z. B. durch Chlorambuzil eine Alkylierung im Rezeptorareal erfolgt und eine spezifische Blockade nach sich zieht. Auch dieser Weg hat sich bis jetzt nicht als erfolgreich erwiesen [15].

Konformationsbestimmungen an biologisch aktiven Peptiden wurden mit erheblichem Aufwand betrieben. Physikalische Untersuchungen auf der Grundlage des Circulardichroismus, der kernmagnetischen Resonanz, der

Raman-Spektroskopie u. a. haben jedoch ebenso wie Molekülberechnungen nur Teilergebnisse erbracht. Ursachen dafür liegen u. a. darin, daß die Peptidkonformation bei der Wechselwirkung mit dem Rezeptor wesentliche Veränderungen erfährt und auch durch das Peptid konformative Veränderungen am Rezeptor ausgelöst werden können [24]. Um diese Schwierigkeiten zu begegnen, werden seit ca. 5 Jahren konformationsstabilisierte Analoga synthetisiert. Dieses Ziel ist u. a. zu erreichen durch Einbau von Methylaminosäuren bzw. Cyclisierung (siehe Abb. 4, VI). Aus derartigen Arbeiten werden Kenntnisse über die für Peptid-Rezeptor-Interaktionen relevanten Konformation der an sich recht flexiblen linearen Peptide erwartet. Physikalische Untersuchungen zur Konformation von Peptiden in Kombination mit dem Rezeptor sind eine Aufgabe der Zukunft.

Arzneimittel auf der Grundlage von Peptidstrukturen (sog. „Peptidarzneimittel") erfahren in der letzten Zeit eine Ergänzung durch Pharmaka anderer chemischer Struktur („nichtpeptischer"), die jedoch ebenfalls an peptidergen Systemen angreifen. Derartige Verbindungen kann man als „peptiderge" Pharmaka bezeichnen. Als „peptiderg" wirksame Verbindung wäre z. B. das Capsaicin zu verstehen. Bei Capsaicin handelt es sich um ein Vanillylamidderivat. Es führt bei zentraler und peripherer Applikation an Ratten zur SP-Freisetzung an primär sensorisch efferenten Neuronen und nachfolgender Hemmung der SP-Biosynthese. Parallel zu dieser SP-Depletion kommt es zu einer langanhaltenden Analgesie [15]. Obwohl Capsaicin offensichtlich neben SP noch andere Peptide freisetzt und in höheren Dosen zytotoxisch wirkt, ist es ein interessantes Objekt für das design von SP-Depletoren mit starker pharmakologischer Wirksamkeit.

Zwei weitere Beispiele aus der Arbeit unserer Gruppe zur pharmakologischen Wirksamkeit von SP seien noch angefügt. Abbildung 5 zeigt, daß SP den bei SHR erhöhten Blutdruck partiell normalisiert [28]. Diese partielle Normalisierung durch exogen zugeführte SP entspricht übrigens quantitativ dem Anteil, den die Hyperfunktion des sympathoadrenalen Systems bei SHR zur Hypertonieentwicklung beiträgt. Diese Befunde sind ein interessanter Ansatzpunkt für ein neues therapeutisches Konzept zum therapeutischen Einsatz von SP bei bestimmten Hypertonieformen.

Für SP gelang uns gemeinsam mit der Gruppe von K. Hecht [12, 13] erstmals der tierexperimentelle Nachweis einer Antistreßwirkung. Mittels intraperitonealer Applikation von SP konnten an der chronisch gestreßten Ratte zahlreiche streßbedingte funktionelle Störungen verhindert bzw. nach Auftreten wieder normalisiert werden. Tabelle 5 gibt eine zusammenfassende Darstellung dieser „Antistreßeffekte" von SP.

Durch gezielte Strukturvariation des SP-Moleküls, d. h. durch Verkürzung des SP-Moleküls vom C-Terminus her, war es möglich, SP-Analoga mit einer fast 1000fach größeren Wirkungsdifferenzierung zu erhalten. Diese Fragmente sind in gleicher Weise wie der natürliche Peptidmediator auf den bei

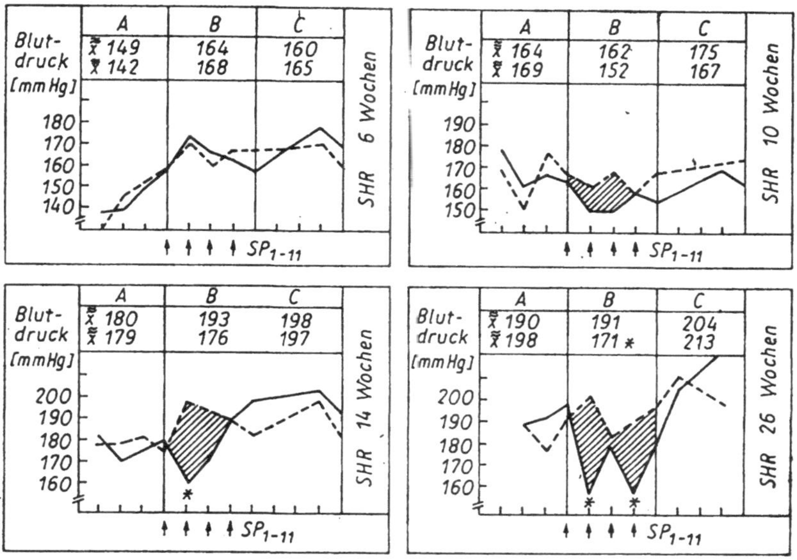

Abb. 5 Wirkung von Substanz P auf den Blutdruck von Ratten mit genetisch fixierter Hypertonie (SHR) in Abhängigkeit vom Alter.

———— Versuchsgruppe

— — — — Kontrollgruppe

* ≤ 0,05 U-Test nach Wilcoxon, Mann und Whitney (zweiseitig)

SHR erhöhten Blutdruck wirksam bzw. zeigen die gleiche „Antistreßwirksamkeit", besitzen aber praktisch kaum noch vegetative Nebenwirkungen [29].

6. Entwicklung der Peptidforschung in der DDR

In der DDR entstanden die ersten peptidchemischen Arbeitsgruppen Ende der 50er Jahre [30]. Durch Langenbeck und Losse wurden am Chemischen Institut der Martin-Luther-Universität Halle Arbeiten zur Modifizierung und Razematspaltung von Aminosäuren und zur Polyamidsynthese initiiert. Hansons führende Arbeiten zu zellulären proteolytischen Enzymen im Institut für Physiologische Chemie der Hallenser Universität umfaßten auch Synthese und Analytik von Enzymsubstraten und Modellpeptiden. In Jena waren durch Drefahl und Arold Probleme der Stereochemie von Peptiden und der Peptidantibiotika durch Synthesearbeiten in Angriff genommen worden. Die Gruppe um Gersch bearbeitete intensiv Insekten-Neurohormone. In Berlin wurde durch Jung – gemeinsam mit Niedrich und Oehme – die Peptidforschung fest im Rahmen der Pharmakologie installiert. Auch im VEB Berlin-Chemie hatte durch die Initiative von Ohle, Häussler und Geipel die Amino-

Tabelle 5

Substanz P-Effekte auf streßinduzierte Störungen bei erwachsenen Ratten (Zusammenfassung)

	Ungestresste Kontrollratten	Ratten unter chronischem Streß ohne SP	mit SP
Bedingt reflektorisches Lernen	keine Veränderung	Verschlechterung des Lernens	Normalisation[2]
Wach-Schlaf-Phasen	keine Veränderung	Verlust des Tief- und REM[1]-Schlafes	Normalisation
Blutdruck	vorübergehende Hypotension	Hypertension	Normalisation
Herzfrequenz	keine Veränderung	Tachykardie	Normalisation

Experimenteller Streß: Immobilisation, Lärm oder elektrischer Fußschock für 3–5 Wochen [siehe 12, 13]

i.p. Applikation von Substanz P 2,5 bis 250 μg/kg intraperitoneal

[1] REM – rapid eye movement (paradoxer) Schlaf

[2] d. h. Normalisierung von streßinduzierten Störungen im Vergleich zu gestressten Ratten ohne Substanz P-Behandlung

säure- und Peptidchemie schnell Fuß gefaßt. In Zusammenarbeit mit dem Institut für Pharmakologie der Akademie der Wissenschaften bzw. der Humboldt-Universität entstand hier das erste Peptidpräparat der DDR, das „Angiotensin Berlin-Chemie".

Die 60er Jahre waren durch die Konsolidierung der Peptidgruppen und die Herausbildung wissenschaftlich origineller Ansätze für die strukturelle Abwandlung biologisch aktiver Peptide unter Einbeziehung neuentdeckter Wirkstoffe gekennzeichnet. Ausgehend hiervon wurden erstmals Peptide synthetisiert, die in der Polyamidkette Hydrazidbindungen und/oder Semikarbazidstrukturen enthielten, sog. Hydrazino- bzw. Azapeptide. Damit konnten international weiterführende Aussagen zur Bedeutung der Polyamidkette für Wirksamkeit und enzymatischen Abbau gewonnen werden (Niedrich, Oehme). Hierauf folgten Arbeiten zu verkürzten und acylierten, hochwirksamen Teilsequenzen von Tachykininen (Bienert). Diese Arbeiten waren Vorlauf für die erfolgreiche, chemische und pharmakologische Bearbeitung des Neuropeptides Substanz P, welche die Entdeckung der „Antistreßwirkung" (Oehme, Hecht) dieses Peptides gemeinsam durch Gruppen der Akademie und des Hochschulwesens der DDR ermöglichte.

Das Bradykinin, ein pathophysiologisch bedeutsames, blutdruckwirksames Peptid, war langjährig Gegenstand chemischer und biologischer Untersuchungen an der Sektion Biologie der Friedrich-Schiller-Universität Jena sowie am Institut für Pharmakologie und Toxikologie der Wilhelm-Pieck-Universität Rostock. Durch die Einführung verzweigter, diastereomerer Aminosäuren in ausgewählten Positionen konnten Wirksamkeit und Abbaustabilität gesteigert werden. Die Einbeziehung Bradykinin-potenzierender Peptide und ihrer synthetischen Analogen vervollständigte die Forschungen zu Struktur-Wirkungsbeziehungen, Rezeptorbindung, Metabolismus und Effektuierung des Bradykinin-Systems und leitete über zu Peptiden, welche das für die Hypertonieentwicklung bedeutsame Angiotensin-Converting-Enzym beeinflussen.

An der Martin-Luther-Universität Halle wurden die Synthesearbeiten zunehmend für Enzymsubstrate und Inhibitoren von Zellproteasen und am Prolin spaltender Enzyme wirksam. Dabei konnten mit der Klärung des Enzym-Mechanismus neuartige Inhibitoren und „Suizidsubstrate" entwickelt werden. Chemische und biochemische Arbeiten mit schwefelhaltigen Aminosäuren führten am Institut für Physiologische Chemie z. B. zu originellen und hochwirksamen Thialysin-Analogen des Vasopressins.

Das Projekt einer chemischen Totalsynthese des Insulins im VEB Berlin-Chemie wurde durch wichtige Synthesearbeiten u. a. zu Schutzgruppen aus den Arbeitsgruppen des Hochschulwesens mitgetragen. Diese Arbeiten zur Chemosynthese des Insulins fanden ihre Fortsetzung dann in der enzymatischen Semisynthese dieses Peptides und waren eine wichtige Voraussetzung für die Arbeiten zu einem Laborverfahren zur Umwandlung von Schweineinsulin in Humaninsulin in enger Zusammenarbeit von Akademie der Wissenschaften, Hochschulwesen und VEB Berlin-Chemie.

Aus dem bei der langjährig betriebenen Insulin-Chemosynthese gewonnenen Erfahrungsschatz resultierten eine Reihe weiterer „Peptidpräparate", wie z. B. TRH oder Acignost.

Zur Erreichung der für die Anwendung am Menschen erforderlichen Qualitätsparameter war die Entwicklung einer effektiven Kooperation der Peptidforschungsgruppen mit dem IfAR von besonderer Bedeutung, insbesondere zur substanzspezifischen Aussagefähigkeit analytischer Kontrollmethoden. Dieses Zusammenwirken von Forschung und Wirkstoffkontrolle hat sich immer mehr zu einem nicht zu unterschätzenden Faktor zur Erschließung der pharmazeutischen Anwendung von Peptiden erwiesen.

Ein Anwendungsgebiet mit einer bedeutsamen ökonomischen Größenordnung liegt für Peptidwirkstoffe in der industriellen Tierhaltung bzw. in der Veterinärmedizin. Durch eine neuartige Synthese des LHRH, eines Dekapeptides, im VEB Berlin-Chemie unter Verwendung eines polymeren Trägers aus dem Chemiekombinat Bitterfeld, wurden gemeinsam mit dem Forschungszentrum für Tierproduktion der AdL Dummerstorf und unter Mitwirkung der Akademie der Wissenschaften die Voraussetzung für die Einführung verbesserter Verfahren der Brunstsynchronisation zur Optimierung der Reproduktion geschaffen mit steigendem Nutzen für die Tierzucht der DDR. Zukünftig steht das Ziel, mit stäker wirksamen Analoga und verbesserten Applikationsformen diese Verfahren noch spezifischer und effektiver zu gestalten.

Zieht man eine Bilanz für das gegenwärtige Sortiment an Peptid- bzw. Aminosäurepräparaten der DDR, so lassen sich folgende Feststellungen treffen: Präparate mit Gemischen von Aminosäuren haben in der Notfallmedizin zur parenteralen Ernährung ebenso wie Einweißhydrolysate einen festen Platz gefunden. Therapeutische Bedeutung haben ferner das K-Mg-Asparaginat als Kardiakum und ein Gemisch von Arginin und Glutaminsäure zur Therapie der Leberinsuffizienz.

Zur Behandlung der Phenylketonurie wird ein phenylalaninfreies mit essentiellen Aminosäuren supplementiertes Caseinhydrolysat verwendet. Caseinhydrolysate mit standardisiertem Gehalt an essentiellen Aminosäuren werden als Sondennahrung in der chirurgischen Intensivtherapie verwendet. Für Aminosäuren bzw. deren Derivate gibt es noch weitere Einsatzgebiete, so für das L-Lysin als Supplement zur besseren Verwertung von pflanzlichen Proteinen in der Tierernährung.

Vorteile des Einsatzes von Peptiden in der medizinischen Therapie liegen in ihrer hohen Wirkungsspezifität und ihrer geringen Toxizität. Deshalb gibt es z. B. bei ihrer Anwendung in der Tierproduktion keine Rückstandsproblematik.

Nachteile der Anwendung von Peptidarzneimitteln beruhen auf ihren ungünstigen pharmakokinetischen Eigenschaften. Oral werden nur wenige kurzkettige Peptide in ausreichenden Mengen resorbiert; d. h. Peptide müssen im allgemeinen z. Z. noch parenteral gegeben werden. Die Bearbeitung biopharmazeutischer Probleme für Peptidwirkstoffe einschließlich der Suche nach günstigeren Applikationsformen (z. B. nasal oder rektal) ist deshalb für die Peptidforschung ein bedeutsames und international stark bearbeitetes Anliegen.

Bei den gegenwärtig eingesetzten Peptidarzneimitteln bilden Peptide zur Beeinflussung der endokrinen Regulation das Schwergewicht. Dies trifft zu für das ACTH mit seinen vielfältigen Indikationen. TRH – das thyreotrope releasing Hormon – wird vorwiegend als Schilddrüsendiagnostikum eingesetzt.

Von besonderer Bedeutung ist die Anwendung der verschiedenen Insuline für die Diabetikertherapie. Hier hat der VEB Berlin-Chemie eine langjährige Tradition und ist alleiniger Produzent in der DDR.

Oxytocin wird seit vielen Jahren in der Geburtshilfe eingesetzt. Das Haupteinsatzgebiet für Oxytocin liegt in der Tierproduktion zur Erhöhung der Besamungsquote bei Schweinen und Rindern. In der DDR werden hierfür etwa 1–1,5 kg/Jahr verwendet.

Calcitonin hat Bedeutung in der Behandlung von Mineralisationsstörungen der Knochen (Morbus Paget, Morbus Sudek) erlangt und ist hier ein erheblicher Fortschritt in der Therapie.

Das GnRH (LH-RH), Luteinisierungs-Hormon-Releasing-Hormon, hat in den letzten Jahren in der industriellen Tierproduktion der DDR zur Ovulationssynchronisation — vor allem bei Schweinen — besondere Bedeutung erlangt. Auch als veterinärmedizinisches Therapeutikum hat das Präparat zur Ovarialzystenbehandlung beim Rind Bedeutung gewonnen. Die Anwendung synthetisch modifizierter superaktiver Präparate für den Einsatz in der Landwirtschaft wird gegenwärtig vorbereitet. Dagegen ist der Einsatz von GnRH und dessen Analoga in der Humanmedizin noch im Stadium der klinischen Forschung.

Durch die Peptidforschung wurde auch die Entwicklung und der Einsatz zahlreicher diagnostischer Methoden für die medizinische Forschung und Praxis stimuliert. Es sei nur erinnert an radioimmunologische Techniken für den Nachweis von Peptidhormonen bzw. -mediatoren im Organismus oder den Einsatz von Di- bzw. Tripeptiden als chromogene oder fluorogene Substrate für die Bestimmung zahlreicher Enzymaktivitäten.

Insgesamt ist einzuschätzen, daß die Peptidforschung der DDR aus Akademie, Hochschulwesen und pharmazeutischer Industrie in den zurückliegenden Jahren wertvolle Beiträge für die Grundlagenforschung und auch zunehmend für die medizinische Praxis geleistet hat.

7. Ausblick

Für einige abschließende Bemerkungen bietet sich zuerst ein Vergleich der historisch jüngeren Peptidforschung mit der „älteren" Katecholaminforschung an. Die Entdeckung von Adrenalin (vor 1930), Noradrenalin (vor 1950) und Dopamin (vor 1960) brachte durch die Naturstoffe selbst keine wesentliche Bereicherung der Arzneimittelpalette. Erst 2—3 Jahrzehnte nach erfolgter Isolierung und Strukturaufklärung der Katecholaminmediatoren konnten auf der Grundlage von Kenntnissen zur Biosynthese, Speicherung, Freisetzung, zum Abbau und zur Rezeptor-Interaktion Pharmaka entwickelt werden, deren Wirksamkeit auf einen Angriff am Katecholaminsystem beruht. An dieser Stelle seien die α- oder β-Blocker, Monoaminooxidasehemmer, Katecholamindepletoren genannt, die u. a. als Herz-Kreislauf- oder Psychopharmaka medizinisch eingesetzt werden. Die Peptidforschung nahm ihren entscheidenden Aufschwung mit der Isolierung und Strukturaufklärung der Mehrzahl der bisher bekannten Peptidmediatoren erst seit den 60er Jahren. Gegenwärtig ist unser Kenntnisstand zum Funktionsmechanismus der Peptidmediatoren noch lückenhaft. Auch unser Wissen zur Rolle von Peptiden bei Erkrankungen, einer wichtigen Grundlage für jede erfolgreiche Arzneimittelforschung, ist noch gering. Die Bioverfügbarkeit von Peptidarzneimitteln wird noch unzureichend beherrscht. Für eine zweckmäßige Applikation von

Peptidarzneimitteln wird international intensiv nach effektiven Lösungen gesucht, sowohl über eine chemische Modifikation des Peptidwirkstoffes als auch durch geeignete Applikationstechniken. Eine wichtige Ergänzung erfahren diese Arbeiten durch die Entwicklung der sog. „peptidergen" Arzneimittel. So sind die als Antihypertensiva eingesetzten Inhibitoren des Angiotensin I-converting-Enzyms (ACE) als „peptiderge" Pharmaka zu bezeichnen. Einige Hemmer dieses Enzyms zeigen nur noch eine geringe oder keine chemische Ähnlichkeit mit Peptidinhibitoren mehr. ACE-Inhibitoren „nichtpeptischer" Struktur haben auch den Vorteil einer oralen Applikationsmöglichkeit. Zukünftig dürfte die Entwicklung sog. „peptiderger" Pharmaka weiter an Bedeutung gewinnen.

Wesentliche Konsequenzen für die Peptidforschung resulieren aus der dynamischen Entwicklung der Molekularbiologie mit Möglichkeiten der gentechnischen Herstellung von Peptiden. Für die Peptidforschung international und auch in der DDR ist es eine wichtige Aufgabe, zukünftig für die Herstellung von Peptidpräparaten die optimale Methode für das jeweilige Objekt in Anwendung zu bringen; seien es die Chemosynthese, enzymatische Synthesen oder gentechnische Verfahren bzw. Kombination dieser drei Möglichkeiten.

Schwerpunkte der Peptidforschung werden in den nächsten Jahren in der chemischen, biowissenschaftlichen und medizinischen Forschung weiterhin Neuropeptide, Herz-Kreislauf-Peptide und stoffwechselaktive Peptide sein.

Besonders zukunftsträchtig für die Peptidforschung sind immunstimulierende Peptide sowie synthetische Vakzine. Besonders die synthetischen „Immunogene" (Vakzine) könnten neue Möglichkeiten in der Behandlung medizinisch und veterinärmedizinisch bedeutsamer Erkrankungen erschließen. Mit der Entwicklung spezifischer Inhibitoren des proteolytischen Abbaus von Peptidmediatoren zeichnen sich ebenfalls neue Möglichkeiten ab. Es sei an dieser Stelle beispielhaft auf die Inhibitoren der Enkephalinase hingewiesen, welche durch Hemmung des Abbaus der Opioidpeptide eine analgetische Wirkung auslösen können.

International haben seit 1960 etwa 25 Peptide Eingang in die Diagnostik und Therapie gefunden. Etwa die gleiche Anzahl wird gegenwärtig für eine medizinische Nutzung geprüft bzw. vorbereitet. Damit bleibt die Peptidforschung international und auch in der DDR ein Schwerpunkt der Arzneimittelforschung.

Literatur

[1] Görne, R. C., C. Pfister, R. Rathsack und P. Oehme: Zur zellulären Verteilung von Substanz P im Nebennierenmark der Ratte. Biomed. Biochim. Acta **43**, 135–137 (1984).

[2] Nieber, K. und P. Oehme: Streß und endogenes Opioidsystem. I. Physiologie und Pharmakologie der Opioidpeptide. Z. ges. inn. Med. **40**, 1–7 (1985).

[3] Nieber, K. und P. Oehme: Streß und endogenes Opioidsystem. II. Streß, Streßmodelle und endogene Opioidpeptide. Z. ges. inn. Med. **40**, 61–65 (1985).

[4] Nieber, K. und P. Oehme: Streß und endogenes Opioidsystem. III. Einordnung des Opioidsystems in die Prozesse der Adaptation. Z. ges. inn. Med. **40**, 133–136 (1985).

[5] Oehme, P., M. Bienert, K. Hecht und J. Bergmann: Substanz P. Ausgewählte Probleme der Chemie, Biochemie, Pharmakologie, Physiologie und Pathophysiologie. Beitr. Wirkstofforsch. H. 12 (1981).

[6] Hecht, K., M. Poppei, H. Hilse, M. G. Airapetjanz und P. Oehme: Catecholaminspiegel im Plasma von Ratten unter akutem Streß ohne und mit Substanz P-Applikation. Pharmazie **38**, 424–425 (1983).

[7] Narumi, S., and Y. Maki: Stimulator effects of Substance P on neurite extension and cyclic AMP levels in cultured neuroblastoma cells. J. Neurochem. **30**, 1321–1326 (1978).

[8] Kessler, J. A., J. E. Adler, and I. B. Black: Substance P and Somatostatin regulate sympathetic noradrenergic function. Science **221**, 1059–1061 (1983).

[9] Zigmond, R. E., and N. Y. Ip: Substance P inhibits the acute stimulation of ganglionic tyrosine hydroxylase activity by a nicotinic agonist. In: IUPHAR 9th International Congress of Pharmacology. Satellite Symposium on Substance P: Metabolism and biological actions. Maidstone, Kent 1984 (Abstract).

[10] Livett, B. G., V. Kozousek, F. Mizobe, and D. M. Dean: Substance P inhibits nicotinic activation of chromaffin cells. Nature **278**, 256–257 (1979).

[11] Nieber, K., and P. Oehme: Effect of Substance P (SP) and (D–Pro^{2},D–Trp^{7,9})-SP on the transmitter release from rat adrenal gland slices. In: Tachykinin Antagonists, Fernström foundation series; v. G. R. Hakanson, F. Sundler (Eds.). Proceedings of the 8th Fernström Symposium, Örenäs Castle (Sweden) 10.–11. 6. 1985. Elsevier Science Publishers, Amsterdam 1985, pp. 247–256.

[12] Hecht, K., P. Oehme, I. A. Kolemetseva, I. P. Lyovshima, M. Poppei, and M. G. Airapetjanz: Effect of Substance P analogue on chronic deprivation of sleep of Wistar rats under stress. In: Marsan, C. A., and W. Z. Traczyk (eds): Neuropeptides and Neural Transmission. IBRO monograph series, Vol. 7, p. 159–164, Raven Press, New York 1980.

[13] Oehme, P., K. Hecht, L. Piesche, H. Hilse, E. Morgenstern, and M. Poppei: Substance P as a modulator of Physiological and pathological processes. In: Marsan, C. A., and W. Z. Traczyk (eds): Neuropeptides and Neural Transmission. IBRO monograph series, Vol. 7, p. 73–84, Raven Press, New York 1980.

[14] Nawa, H., T. Hirose, H. Takashima, S. Inayama, and S. Nakanishi: Nucleotide sequences of cloned cDNAs for two types of bovine brain Substance P precursor. Nature **306**, 32–36 (1983).

[15] Pernow, B.: Substance P. Pharmacol. Rev. **35**, 85–141 (1983).

[16] Watson, S. P.: Are the proposed Substance P receptor subtypes, Substance P receptors? Life Sci: **25**, 797–808 (1984).

[17] Rathsack, R., P. Oehme, I. Roske, and H. Hilse: Substance P-like immunoreactivity in plasma and adrenal medulla of rats with spontaneous hyperten-

sion and WKY rats under acute stress. Biomed. Biochim. Acta **42**, 955–958 (1983).

[18] Faulhaber, H. D., R. Rathsack, G. Rostock, V. Homuth, D. Pfeiffer, E. Naumann, W. Hartrodt, R. C. Görne, and P. Oehme: Evidence of decreased plasma Substance P levels in human essential hypertension and influence of Prazosin treatment. Biomed. Biochim. Acta **42**, 1019–1025 (1983).

[19] Baumann, R. (in Vorbereitung)

[20] Roske, I., R. Rathsack, P. Oehme, and H. Hilse: Influence of chronic immobilization on blood pressure and Substance P-like immunoreactivity (SPLIR) in plasma and adrenals of Wistar-rats. Pharmazie **38**, 491 (1983).

[21] Stewart, J. M.: The design of peptide hormone analogs. TIPS **3**, 300–303 (1982).

[22] Lindner, G., G. Grosse, P. Oehme und K. D. Jentzsch: Beitrag zur Wirkung von Substanz P auf die Nervenfaserregeneration in der Gewebekultur. Z. mikrosk.-anatom. Forsch. **94**, 661–668 (1980).

[23] Lindner, G., G. Grosse, P. Oehme und K. D. Jentzsch: Über die Wirkung von Substanz P (SP) und SP-Teilsequenzen auf das Nervenfaserwachstum in der Gewebekultur. Z. mikrosk.-anatom. Forsch. **96**, 643–655 (1982).

[24] Stewart, J. M., M. E. Hall, J. Harkins, R. C. A. Frèderickson, L. Terenius, T. Hökfelt, and W. A. Krivoy: A fragment of Substance P with specific central activity: SP (1–7). Peptides **3**, 1–7 (1982).

[25] Görne, R. C., E. Morgenstern, P. Oehme, M. Bienert und K. Neubert: Wirkung von Substanz P und Substanz P-Fragmenten auf die Schmerzschwelle von Mäusen. Pharmazie **37**, 299–300 (1982).

[26] Piercey, M. F., P. J. K. Dobry, F. J. Einspahr, L. A. Schroeder, and N. Masiques: Use of Substance P fragments to differentiate Substance P receptors of different tissues. Regulatory Peptides **3**, 337–349 (1982).

[27] Siems, W.-E., N. W. Komissarowa, O. A. Gomaskow, P. Oehme, K. D. Jentzsch und A. M. Chernukh: Untersuchungen zum Einfluß von Substanz P und Teilsequenzen der Verbindung auf die Angiotensin I-Converting-Enzym-Aktivität. Pharmazie **38**, 256–257 (1983).

[28] Roske, I., and P. Oehme: Action of Substance P on the blood pressure of spontaneously hypertensive rats in dependence on age. Pharmazie **38**, 626–627 (1983).

[29] Roske, I., P. Oehme, K. Hecht, K. Nieber, H. Hilse und E. Wachtel: Zur Bedeutung des N-Terminus des Substanz-P-Moleküls für die Wirkung auf streßbedingte Verhaltens- und Blutdruckstörungen. Pharmazie **41**, 799–805 (1986).

[30] Oehme, P., E. Göres, H. Niedrich und W. Reinders: Ausgewählte Probleme des Standes und der Entwicklung der Peptidforschung. medicamentum **25**, 146–150 (1984).

Friedrich Jung

Danksagung

Sehr geehrter Genosse Präsident, lieber Werner!
Liebe Kollegen und Genossen!

Ich bedanke mich sehr herzlich für die schöne Feier. Sie werden verstehen, daß so etwas für den Gelehrten immer einige Konflikte mit sich bringt – es besteht halt ein Widerspruch zwischen dem, was man vorstellt und dem, was man wohl wirklich ist, und noch mehr zu dem, was man hätte sein können. Das erste wurde hier vorgetragen, das zweite und dritte könnte mich etwas melancholisch machen, wenn ich nicht sehen würde, daß meine ehemaligen Mitarbeiter das umsetzen, wovon ich einst träumte. Das kam unter anderem hier zum Ausdruck und dafür bin ich besonders dankbar.

Als junger Wissenschaftler hatte ich so meine Träume und Wünsche. Aber die Wirklichkeit war nicht danach, sie hieß faschistische Barbarei und Krieg und unter anderem auch Mißbrauch unseres Strebens nach Erkenntnis zum Unheil für uns alle. Ich bin glücklich darüber, daß dies, heute und hier, in unserer Republik ganz anders ist und dafür habe ich vor allem zu danken – unserer Arbeiterklasse und ihrer Partei. Wir können sicher sein, daß unser Ringen um Einsicht in die Gesetze der Natur in unserer Gesellschaft nur für unser gemeinsames Wohl verwandt wird und wir erleben, daß zudem diese Gesellschaft uns Wissenschaftler und Ärzte in dieser Richtung sowohl fordert wie stützt.

Ich wünsche Ihnen dabei große Erfolge und vor allem, daß Frieden und Wohlstand uns erhalten bleiben.

ISBN 3–05–500 211–5
ISSN 0138–3965

Bei Fragen zur Produktsicherheit wenden Sie sich bitte an:
If you have any questions regarding product safety,
please contact:

Walter de Gruyter GmbH
Genthiner Straße 13
10785 Berlin
productsafety@degruyterbrill.com